新时代新理念职业教育教材·铁道运输类
铁道交通运营管理、高速铁路客运服务专业教材
校企“双元”合作开发教材

铁路客运作业实训与演练

主　编　王　涛　张　颖
副主编　李　斌　夏　岩

北京交通大学出版社
·北京·

内容简介

本书以铁道交通运营管理、高速铁路客运服务专业的教学标准为纲，对铁路客运作业项目进行了系统的实训与演练设计。本书分为 2 个技能模块：乘务作业实训与演练、站务作业实训与演练。乘务作业实训与演练包括列车员（乘务员）作业实训与演练、列车长作业实训与演练；站务作业实训与演练包括普速铁路车站作业实训与演练、高速铁路车站作业实训与演练。本书内容精练，版式设计符合实训类课程教学的需要，适合作为职业教育铁道运输类专业的教材，也可作为铁路企业培训用书，还可供对铁路客运作业感兴趣的社会读者参考。

图书在版编目（CIP）数据

铁路客运作业实训与演练 / 王涛，张颖主编. —北京：北京交通大学出版社，2022.4

ISBN 978-7-5121-4704-1

Ⅰ. ① 铁… Ⅱ. ① 王… ② 张… Ⅲ. ① 铁路运输–旅客运输–职业教育–教材 Ⅳ. ① U293

中国版本图书馆 CIP 数据核字（2022）第 065479 号

铁路客运作业实训与演练
TIELU KEYUN ZUOYE SHIXUN YU YANLIAN

策划编辑：刘 辉　　责任编辑：刘 辉
出版发行：北京交通大学出版社　　电话：010-51686414　　http://www.bjtup.com.cn
地 址：北京市海淀区高梁桥斜街 44 号　　邮编：100044
印 刷 者：北京时代华都印刷有限公司
经 销：全国新华书店
开 本：185 mm×260 mm　　印张：7.5　　字数：113 千字
版 印 次：2022 年 4 月第 1 版　　2022 年 4 月第 1 次印刷
印 数：1～2 500 册　　定价：36.80 元

本书如有质量问题，请向北京交通大学出版社质监组反映。对您的意见和批评，我们表示欢迎和感谢。
投诉电话：010-51686043，51686008；传真：010-62225406；E-mail：press@bjtu.edu.cn。

前言

铁路客运作业实训与演练是职业教育铁道运输类专业的重要课程，该课程对于学生掌握铁路客运岗位实际操作能力至关重要，为此我们组织职业院校一线教师和铁路企业专家联合编写了本书。

本书以铁道交通运营管理、高速铁路客运服务专业的教学标准为纲，对铁路客运作业项目进行了系统的实训与演练设计。本书分为 2 个技能模块：乘务作业实训与演练、站务作业实训与演练。乘务作业实训与演练技能模块包括列车员（乘务员）作业实训与演练、列车长作业实训与演练 2 个工作任务。站务作业实训与演练技能模块包括普速铁路车站作业实训与演练、高速铁路车站作业实训与演练 2 个工作任务。本书内容精练，版式设计符合实训类课程教学的需要，适合作为职业教育铁道运输类专业的教材，也可作为铁路企业培训用书，还可供对铁路客运作业感兴趣的社会读者参考。

由于编者水平有限，本书不足之处在所难免，恳请广大读者批评指正。反馈意见，索取本书教学资源，可与出版社编辑刘辉联系（邮箱：cbslh@jg.bjtu.edu.cn; QQ：39116920）。

编　者

2022 年 4 月

目 录

技能模块 1　乘务作业实训与演练

技能模块 2　站务作业实训与演练

技能模块 1

乘务作业实训与演练

工作任务 1.1

列车员（乘务员）作业实训与演练

子任务 1.1.1

普速列车列车员作业实训与演练

实训方案

（1）学员以组为单位开展实训，每组 5～9 人（设组长 1 人）；

（2）依实训步骤，逐人进行模拟演练；

（3）将本人、组长、教师的评分相加后，得出个人最终得分。根据评分与评语进行总结，拟定提升措施，制订课后演练计划。

1. 出乘准备

1）实施步骤

实训项目	细分环节	演练步骤
出乘准备	参加出乘会	（1）按规定时间到段参加班组出乘会。 （2）听取列车长布置本趟乘务重点工作，主动将烟火交列车长统一保管。 （3）携带规定证件及相关业务资料、票据、报表
	出乘点名	（1）集体到派班室报到，穿着规定服装，佩戴职务标志。 （2）听取派班员传达上级有关文电、命令、指示
	接车作业	（1）排成两列纵队，拎包方向统一，按照规定行走路线进站（入库）接车。 （2）与看车人员交接卧具、备品情况，发现缺少、损坏向列车长报告。 （3）检查、验收车内保洁质量，督促保洁人员整改存在的问题。 （4）检查车内上水情况，发现车内缺水向列车长报告。 （5）按规定项点检查服务设施设备，发现问题填写在乘务工作日志上，并报告列车长。 （6）定位摆放服务备品、资料，检查外悬挂物加固、粘贴情况，门、窗加锁，对塞拉门进行试验，做好出库准备工作。 （7）开启车内空调、电茶炉等设备的开关，进行车内预冷、预热，卧铺车列车员为暖瓶注水

2）评价与巩固

评分人	评分	评语	总分
本人（10 分）			
组长（30 分）			
教师（60 分）			
总结			
提升措施与课后演练计划			

2. 始发作业

1）实施步骤

实训项目	细分环节	演练步骤
始发作业	开车前	（1）广播预告内容播出后，整理服装、制帽、职务标志、仪容仪表。 （2）接广播通知出场立岗，开门、卡牢翻板、擦扶手、安放安全渡板和警示带（高站台），面向旅客放行方向立岗（高站台时不背对车厢连接处立岗）。 （3）开始检票上车作业，扶老携幼，结合服务做好安全宣传工作。双班作业时，车上列车员引导旅客到座席、铺位，安置物品，做好禁烟宣传。 （4）开车铃响或哨响，脚踏安全线、面向出场门立岗，铃停或哨止，两步登车，放翻板；收取安全渡板和警示带（高站台），面向站台立岗
	开车后	（1）车门管理。列车起动后关、锁车门，面向站台行注目礼，身体位于车门中部，后脚跟与翻板后沿平齐；列车出站台时检查、瞭望四门，开厕所，互检相邻车厢四门。自、互检车门时按“N”形顺序检查，自检车门时开上锁、拽把手检查确认下锁锁闭，再锁上锁，确认双锁锁闭；互检车门时只拽把手检查，不开锁（塞拉门除外，自、互检时只检查防开链及指示灯状态）。 （2）擦抹通道、通过台。确保地面洁净、无泥垢、无烟头、无口香糖。 （3）车内整容。确保行李架物品摆放安全、整齐，铁器、锐器、易碎品、大件物品严禁放置在行李架上，衣帽钩仅限挂衣帽、服饰。 （4）去向登记（“4、6”字头列车除外）。始发后及22:00开启半灯前登记旅客去向。 （5）安全检查。对车窗及重点安全部位和“三品”进行检查

2）评价与巩固

评分人	评分	评语	总分
本人（10 分）			
组长（30 分）			
教师（60 分）			
总结			
提升措施与课后演练计划			

3. 途中作业

1）实施步骤

实训项目	细分环节	演练步骤
途中作业	基础作业	（1）检查。确保车门、配电室门、车窗锁闭，压角压住翻板，电气设备运用良好，车内温度适宜，上水站前后确认水量状态。 （2）收倒。对茶桌和烟灰盒进行清理，及时回收硬质包装物品，做到垃圾不落地、桌面无杂物。 （3）擦抹。对洗面间、通过台、照面镜、垃圾箱、电茶炉、地面等部位进行擦抹。做到地面无积水，厕所冲刷及时、无积便、无积水、无异味，照面镜光亮、无水渍。 （4）整容。对车内行李架、衣帽钩、窗帘、座席套、头靠套进行整理，达到整齐、美观、牢固，窗帘、座席套、头靠套不脱落；通过台、过道、洗面间、车门口无大件物品堵塞、占用。 （5）组织。硬座车列车员要通告站名、站停时间，引导重点旅客到车门等候下车；卧铺车到站前提前 30 min 换票，做好下车准备
	安全作业	（1）在乘降所、重点区段配合乘警进行“三品”开包检查。 （2）会让和待避动车组前，加强车内巡视，做好安全宣传，检查车窗锁闭状态。待避动车组时，坚守车门，监控车内，严禁旅客下车。 （3）进站提前到岗试开车门（塞拉门除外），停稳开门，卡牢翻板，放安全渡板（高站台），擦扶手，出站台自、互检车门，瞭望；到站锁闭卧铺车端门；列车运行中，硬座与软座、硬卧车连接处应加强管理，防止旅客越席乘车。

续表

实训项目	细分环节	演练步骤
	安全作业	（4）对卧铺车提前下车的旅客进行登记；对临时要求提前下车的旅客报告列车长、乘警，登记后方可下车。 （5）列车昼间通过隧道或停在高架候车室下时开启半灯；22:00 后软、硬座车开启半灯（始发、终到站及客流量大的停站除外），硬卧车关闭顶灯、开启地灯
途中作业	卫生作业	（1）垃圾在指定站装袋扎口投放，有风雨棚的站台放在就近的风雨棚立柱旁，无风雨棚的放在安全线以外或指定位置，投放垃圾必须在旅客乘降完毕后进行；严禁向车外抛扔杂物，回收的硬质物品装袋隐蔽存放。 （2）列车运行在市区、长大隧道、大桥和站停 3 min 以上的停车站应锁闭厕所；中途停车站提前 5 min，直辖市车站、省会所在地城市车站和列车终到站提前 10 min 锁闭厕所，出站后及时开启厕所，对特殊情况急需使用厕所的旅客，应提供方便；采用集便装置的列车应及时清理厕所废弃物，吸污、未供电时及单双管客车混编时，在全列制动机试验前应锁闭厕所，其他时间可不锁闭厕所。运行途中因列车管压力下降被迫停车时，按照车辆乘务员要求，将集便式厕所锁闭。 （3）旅客集中用餐时间，禁止用垃圾袋直接收取垃圾；禁止在软卧车用垃圾袋直接收取垃圾
	票务作业	（1）运行中配合列车长按规定查验车票。 （2）便乘铺凭单程有效的便乘证和司机报单在便乘区段使用，便乘证加盖“已乘”章，下车前交还本人。票夹入屉（柜）加锁保管

续表

实训项目	细分环节	演练步骤
途中作业	重点服务作业	（1）列车运行途中为重点旅客提供必要的服务。 （2）列车上下车超过30人以上时必须双开车门（高站台除外）。双开车门时，站在两车门中间站台安全线处立岗，面向车门组织旅客乘降，做好扶老携幼工作。 （3）进软卧车包房前应先敲门，经同意后方可进入。软卧旅客下车后，及时清扫卫生、整理卧具；昼间运行途中，随时清理房间卫生。 （4）卧铺车熄灯前提醒旅客做好睡前准备，同时拉合窗帘，将旅客茶杯及物品放在走道空茶桌上，宣传夜间安全注意事项，了解重点旅客服务需求。 （5）硬卧车熄灯后，下铺旅客鞋摆在下铺中部地面，中上铺旅客鞋摆在下铺端头处地面（半包式卧铺，旅客鞋从铺内下铺端头处地面开始摆齐）。 （6）卧铺车列车员夜间在边座值岗（列车运行方向第三个边座，面向运行方向执岗），实行“一包二”乘务制度的乘务组在值乘车厢轮换巡视值岗。做好重点服务，对过往旅客问明事由，送出本车，对本车厢的旅客引导到铺位，不允许非本车旅客逗留。 （7）途中因旅客责任产生的重污卧具，应取得当事旅客证明一份。遇有卧具污染要及时更换，并将卧具污染部位初步处理后单独存放。 （8）运行途中发现缺水应向列车长汇报，上水站到站前及开车后填写《沿途给水情况登记簿》。 （9）交接班时，交班班组进行全面清扫，接班班组与交班班组在本岗位面对面交接，交接工具备品、资料，介绍重点旅客及有关事项

2）评价与巩固

评分人	评分	评语	总分
本人（10 分）			
组长（30 分）			
教师（60 分）			

总结

提升措施与课后演练计划

4. 终到作业

1）实施步骤

实训项目	细分环节	演练步骤
终到作业	旅客下车前	（1）终到前，双班乘务的提前40 min进行作业，全面清扫、擦拭，做到不留垃圾、污水、粪便。 （2）列车停稳开门，卡牢翻板，放安全渡板（高站台），擦扶手，扶老携幼，组织旅客下车
	旅客下车后	（1）在规定位置立岗，组织旅客有序下车，做好扶老携幼工作，确保旅客安全。 （2）全面巡视各车厢，认真检查各处有无异状，关窗锁门。 （3）发现旅客遗失物品，交列车长、乘警处理。 （4）旅客下车后撤换卧具，撤下的卧具分类装袋，严重污染的卧具单独交接，定置存放。 （5）到达折返站，按出库标准全面做好折返整备和库内看车工作；休班人员统一列队到公寓休息

2）评价与巩固

评分人	评分	评语	总分
本人（10 分）			
组长（30 分）			
教师（60 分）			

总结

提升措施与课后演练计划

5. 返程（折返）、退乘作业

1）实施步骤

实训项目	细分环节	演练步骤
返程（折返）、退乘作业	返程（折返）作业	（1）按时参加返乘会，听取列车长总结往程工作，部署返程重点工作。 （2）返程作业具体流程与往程作业具体流程相同
	退乘作业	（1）各种资料、工具备品归位，与接车人员进行交接；卧铺车列车员与接车人员进行卧具交接；损坏、丢失备品，及时请领、补齐；卧具、备品丢失、损坏时，列车长认真记录，乘务员签字确认。 （2）退乘人员在站台集合，统一列队到派班室点名退乘。 （3）参加退乘会，听取列车长讲评趟班工作及考核结果

2）评价与巩固

评分人	评分	评语	总分
本人（10 分）			
组长（30 分）			
教师（60 分）			
总结			
提升措施与课后演练计划			

子任务 1.1.2

普速列车值班员作业实训与演练

实训方案

（1）学员以组为单位开展实训，每组 5～9 人（设组长 1 人）；

（2）依实训步骤，逐人进行模拟演练；

（3）将本人、组长、教师的评分相加后，得出个人最终得分。根据评分与评语进行总结，拟定提升措施，制订课后演练计划。

1. 出乘准备

1）实施步骤

实训项目	细分环节	演练步骤
出乘准备	设备、票据准备	（1）出乘前列车值班员（以下简称值班员）认真检查防盗箱、移动补票机、电池等备品是否良好。发现问题立即通知收入科或车队收入室备案。 （2）根据班组票据使用量，备足各种票据，防止脱销或超储。请领票据时确认“客货票据领发单”记载的票据名称、符号、起止号、数量与实领票据无误后，由2人签字，凭领发单登记“客货票据明细账”。 （3）请领多种票据时，应在每种票据领票人签收栏分别签字。不准只签一种票据。 （4）请领的票据以保证三个班次的用量为准。 （5）补票机、开机卡号码和密码应认真保管并注意保密。班组间不准借用、串用，不得随意交给他人
	参加出乘会	（1）按规定时间到段参加班组出乘会。 （2）值班员出乘严禁单独行走，必须随班组集体入库、上车。需将较大款额送到列车时，需由乘警护送。 （3）听取列车长布置本趟乘务重点工作，主动将烟火交列车长统一保管。 （4）携带规定证件及相关业务资料、票据、报表

2）评价与巩固

评分人	评分	评语	总分
本人（10 分）			
组长（30 分）			
教师（60 分）			
总结			
提升措施与课后演练计划			

2. 途中作业

1）实施步骤

实训项目	细分环节	演练步骤
途中作业	设备、票据、现金管理	（1）接车后，值班员应及时将票据、补票机、备用金放金柜加锁并设置密码。 （2）乘务中发生的进款、票据必须放金柜，设密码保管。两班共同使用一个金柜时，应分别使用款袋加锁。 （3）备用金用于初始补票时找零使用，也就是说请领的钱，就是备用金，应在“票据进款交接班登记簿”中的“备用金”栏记载。 （4）办公席补收票款一万元（长途车）、五千元（短途车）必须随时将现金放金柜，离开办公席时，办公桌、金柜必须加锁。 （5）备用票据、移动补票机，不使用时必须锁入金柜，设密码保管，办公席及金柜内禁止存放个人物品及现金
	票务作业	（1）值班员要经常深入车厢宣传补票规定，补收运费，防止漏收。 （2）值班员使用移动补票机时，开机进入售票系统，核对补票机日期、显示票号是否正确，调试好后方可使用。补票机故障时，要使用代用票。 （3）查验车票时严格执行 400 km 一次、不足 400 km 增加一次、无票上车人数较多区段适当增加验票次数的规定。 （4）发生客票作废时，应立即处理，废票必须使用补票机打印“作废”字样，超时机器不予承认。发生各种票据作废时，由值班员编制客运记录，列车长签字，终到后上报客运段，由收入科长签字后，上报铁路局。 （5）值班员要与列车员核对补票情况，防止漏收。 （6）途中遇特殊情况必须办理票据临时交接时，在列车长的监控下，应在班组“客货票据明细账”中的列车班组票据交接单上，由交者负责填写各种票据、数量、备品等，双方签字，然后由列车长签字确认后方可生效

2）评价与巩固

评分人	评分	评语	总分
本人（10分）			
组长（30分）			
教师（60分）			
总结			
提升措施与课后演练计划			

3. 终到后作业

1）实施步骤

实训项目	细分环节	演练步骤
终到后作业	回段作业	（1）终到后，严格执行由乘警护送到站交款、回段收入科（车队收入室）签字制度。如遇特殊情况要随班组统一回段。 （2）当次列车运输进款，必须在当次乘务终到后全部报缴，不准压款，不准挪用进款。 （3）终到交款后发生多、少交款时，多交款列溢收，少交款时编制“车补进款交接单”到车站收款处补缴。 （4）终到后，值班员交款、交票、交移动补票机等，且要将本次乘务已使用完毕的票据逐项登销后方可退乘。 （5）终到回段 1.5 h 后，值班员将票据、备品锁在指定备品箱内，箱内禁止放与票据无关的任何物品。与收入人员办理移动补票机、防抢箱交接手续。 （6）严禁值班员将防抢箱、票据、移动补票机带回家。 （7）班组领出的票据返库时，由收入科（区域收入室）审批同意后，填写“客货票据返库单”。 （8）因班组值班员正常人事变动产生交接时，交接双方必须同时到车队收入室，在收入室票据管理人员的监控下，办理交接手续，且必须加盖名章，严禁手写签字
	入住公寓作业	（1）终到后，如在段外，需入住公寓时，要随班组统一到折返站公寓入住。 （2）在公寓时，票据、现金必须存放在金柜中，并由列车长（或值班员）和一名男性列车员负责看管

2）评价与巩固

评分人	评分	评语	总分
本人（10 分）			
组长（30 分）			
教师（60 分）			

总结

提升措施与课后演练计划

子任务 1.1.3

动车组列车员作业实训与演练

实训方案

（1）学员以组为单位开展实训，每组 5～9 人（设组长 1 人）；

（2）依实训步骤，逐人进行模拟演练；

（3）将本人、组长、教师的评分相加后，得出个人最终得分。根据评分与评语进行总结，拟定提升措施，制订课后演练计划。

1. 出乘准备

1）实施步骤

实训项目	细分环节	演练步骤
出乘准备	出乘作业	（1）准时参加出乘会，接受上级命令、指示，趟班乘务任务明确，主动将烟火交列车长统一保管。 （2）整理仪容仪表，着装规范整齐，备品、证件携带齐全，个人使用的设备状态良好。 （3）列队到派班室接受点名，接受派班员命令、指示
	接车作业	（1）列队整齐，按规定路线行走，步伐一致，箱（包）在同一侧，始发前 30 min（站台交接时，进站前 15 min）到达站台指定地点接车。 （2）接车后，乘务备品定位摆放，安装、开启视频监控设备，检查设备设施、卫生质量情况及清扫工具定位情况，检查上水情况。发现问题及时报告列车长。 （3）负责商务、特、一等座车厢的列车员与餐售人员清点商务、特、一等座饮品、休闲食品和专项服务备品数量，检查定置摆放情况，并向列车长报告。 （4）在高铁快件办理站检查车站装卸人员装卸、码放作业情况，确认高铁快件施封、外包装情况及件数，并向列车长报告。 （5）广播员检查、调整广播系统内的担当车次信息

2）评价与巩固

<table>
<tr><th>评分人</th><th>评分</th><th>评语</th><th>总分</th></tr>
<tr><td>本人（10 分）</td><td></td><td></td><td rowspan="3"></td></tr>
<tr><td>组长（30 分）</td><td></td><td></td></tr>
<tr><td>教师（60 分）</td><td></td><td></td></tr>
<tr><th colspan="4">总结</th></tr>
<tr><td colspan="4"></td></tr>
<tr><th colspan="4">提升措施与课后演练计划</th></tr>
<tr><td colspan="4"></td></tr>
</table>

2. 始发作业

1）实施步骤

实训项目	细分环节	演练步骤
始发作业	开车前	（1）与列车长对时，做到时间准确一致。 （2）车站检票时，在分工车厢，引导重点旅客就座、协助安放行李物品。 （3）开车前，广播员播放广播，列车员监控视频显示屏、广播、电子显示屏的播放及显示情况，发现异常及时报告列车长。 （4）开车前 5 min，到指定车门处立岗。 （5）开车前，确认旅客乘降、高铁快件和餐车物品装卸完毕后报告列车长。 （6）遇特殊情况时，立即向列车长汇报，采取措施，妥善处理
	开车后	（1）广播员播放广播，列车员监控视频显示屏、广播、电子显示屏的播放及显示情况，发现异常及时报告列车长。 （2）加强安全宣传，落实岗位防火责任制。提示旅客遵守安全乘车规定，及时制止可能损坏车辆设施和影响安全的行为。加强“危险品”查堵，落实动车组列车禁烟制度，及时检查卫生间、通过台等重点部位，发现旅客吸烟，及时制止并报告。 （3）检查车门、翻板、各柜门锁闭状态，发现故障及时报告列车长；检查行李架、衣帽钩、大件物品摆放处的物品摆放情况，检查商品摆放情况，检查高铁快件堆码、施封、外包装及件数等情况，清理电茶炉、卫生间等部位。确保设备良好，通道畅通，卫生整洁，备品充足，温度适宜。 （4）掌握车内旅客动态，积极做好服务工作，耐心解答问询，落实“首问首诉”负责制，积极响应旅客诉求，遇有重点旅客主动提供帮助

2）评价与巩固

评分人	评分	评语	总分
本人（10 分）			
组长（30 分）			
教师（60 分）			
总结			
提升措施与课后演练计划			

3. 途中作业

1）实施步骤

实训项目	细分环节	演练步骤
途中作业	运行中作业	（1）核对席位，统计乘车人数，对持电子客票旅客的乘车信息进行核实，发现挂失补或乘车条件不符的人员，及时引导，并报告列车长。 （2）加强车内整容工作，对空余座位的小桌板、遮光帘（幕）、杂志、座椅扶手、脚蹬等及时复位；及时清理座席面上的杂物；及时整理行李架、衣帽钩、大件行李存放处，保持通道畅通。 （3）加强安全宣传，遇儿童在车厢内跑动、坐在小桌板上或运行中在座席上站立，及时劝阻。加强“危险品”查堵，落实动车组列车禁烟制度，及时检查卫生间、通过台等重点部位，发现旅客吸烟，立即制止并及时报告。 （4）广播员播放广播，列车员监控视频显示屏、广播、电子显示屏的播放及显示情况，发现异常及时报告列车长。 （5）主动为商务座旅客介绍商务座设备设施，免费提供餐食、饮品、休闲食品和专项服务备品；为特、一等座旅客免费提供饮品和休闲食品。 （6）加强爱车宣传，及时制止旅客在车厢内大声喧哗、脚搭桌板、穿鞋躺在座席上等不文明乘车行为。 （7）宣传旅行常识，主动向旅客介绍设备设施使用方法，引导使用轮椅的旅客至专用区域（有安全带时应使用安全带固定轮椅）。 （8）监控餐售行为。及时制止餐售人员频繁进入车厢及高声叫卖，发现问题及时报告列车长。 （9）随时清理卫生间，确保无便迹、无异味；重点监控电茶炉，确保无杂物、无水渍；及时更换、补充清洁

续表

实训项目	细分环节	演练步骤
途中作业	运行中作业	袋、卫生纸、擦手纸等服务备品；及时清理小桌板、座椅面（网兜）；地面卫生随脏随扫，确保无杂物；拖布洗净拧干，确保地面无水迹。不得戴胶皮手套或手持垃圾袋进入客室内作业。电茶炉、手把杆、垃圾箱投掷门等白钢部件擦拭光亮。及时更换满溢垃圾袋，垃圾袋系紧扎严，防止液体外漏，放于非乘降车门侧，不得放在车厢连接处或车门翻板上，在垃圾投放站指定位置投放。 （10）遇有列车晚点，要坚守岗位，统一口径向旅客做好解释和安抚工作。列车晚点时间较长时，掌握特殊重点旅客服务需求，对中转换乘的旅客进行统计，及时报告列车长。 （11）运行中遇有突发情况时，立即报告列车长，听从指挥，按照岗位职责分工，妥善处理
	中途停站作业	（1）到站前，到指定车门位置立岗，加强宣传引导。 （2）上水站到站前、后对车厢水位进行检查并报告列车长。 （3）中途站停车时，监控旅客乘降情况，对在车门处逗留和吸烟的旅客进行安全提示，防止其漏乘。 （4）在垃圾投放站指定位置投放垃圾袋。 （5）确认旅客乘降、高铁快件和餐车物品装卸完毕后，及时报告列车长。 （6）遇特殊情况时，立即汇报、采取措施，妥善处理

2）评价与巩固

评分人	评分	评语	总分
本人（10 分）			
组长（30 分）			
教师（60 分）			

总结

提升措施与课后演练计划

4. 终到作业

1）实施步骤

实训项目	细分环节	演练步骤
终到作业	旅客下车前	（1）全面巡视车厢，检查防火安全、设备设施状态。对空余座位遮光帘（幕）、小桌板、座椅（扶手）和脚蹬等进行复位。 （2）全面清理卫生，清理小桌板、座椅面、地面上的杂物，对电茶炉、卫生间、通过台进行全面擦拭，确保无污渍、无水迹，白钢部件光亮。 （3）使用清洁车收取垃圾，及时更换满溢的垃圾袋，系紧扎严垃圾袋，在垃圾投放站指定位置投放。垃圾袋损坏时要及时套袋，防止外漏。 （4）广播员播放广播，列车员监控视频显示屏、广播、电子显示屏播放及显示情况，发现异常及时报告列车长。 （5）负责商务、特、一等座车的列车员与餐售人员清点饮品、休闲食品和专项服务备品数量，并向列车长报告。 （6）到站前，提醒旅客整理好随身携带的物品，帮助特殊重点旅客提前到车厢门口处做好下车准备，到指定车门位置立岗。 （7）列车到站停稳后，广播员播放广播，列车员监控视频显示屏、广播、电子显示屏的播放及显示情况，发现异常及时报告列车长。在指定车门处立岗，组织旅客下车
	旅客下车后	（1）旅客下车完毕后，巡视车厢，全面清理卫生，整理车容，补充（回收）易耗品。发现旅客遗失物品及时报告列车长。 （2）在垃圾投放站指定位置投放垃圾。 （3）在折返站协助保洁员旋转座椅方向，对车厢水位进行检查、确认并报告列车长

2）评价与巩固

评分人	评分	评语	总分
本人（10 分）			
组长（30 分）			
教师（60 分）			

总结

提升措施与课后演练计划

5. 返程（折返）、退乘作业

1）实施步骤

实训项目	细分环节	演练步骤
返程（折返）、退乘作业	返程（折返）作业	（1）按时参加返乘会，听取列车长总结往程工作，部署返程重点工作。 （2）返程作业具体流程与往程作业具体流程相同
	退乘作业	（1）收取剩余易耗品，整理乘务备品，确认齐全，下车列队。 （2）按规定路线退乘，参加退乘会。 （3）在公寓休整时，遵守待乘纪律，外出执行请假制度，坚持两人以上同去同归。折返出乘前参加出乘会，主动将烟火交列车长统一保管

2）评价与巩固

评分人	评分	评语	总分
本人（10 分）			
组长（30 分）			
教师（60 分）			
总结			
提升措施与课后演练计划			

子任务 1.1.4

动车组餐饮服务员作业实训与演练

实训方案

（1）学员以组为单位开展实训，每组 5～9 人（设组长 1 人）；

（2）依实训步骤，逐人进行模拟演练；

（3）将本人、组长、教师的评分相加后，得出个人最终得分。根据评分与评语进行总结，拟定提升措施，制订课后演练计划。

1. 出乘准备

1）实施步骤

实训项目	细分环节	演练步骤
出乘准备	出乘作业	（1）餐车长按照规定时间请领票据，预测客流餐饮需求，提报请领计划，确认菜单公示牌、插页展示商品与实物相符。保证盒饭和预包装饮用水按高、中、低档分层分类配备，不同价位盒饭不少于三种。 （2）整理仪容仪表，确保着装、标志规范整齐，备品、证件携带齐全，设备设施状态良好。 （3）到调度室报到，接受命令、指示及应知应会业务试问。按时出乘，确保命令、指示记录准确，无遗漏，乘务任务明确、回答准确。 （4）餐车长出乘前使用PDA餐饮核算管理终端机（以下简称“PDA终端机”）下载数据信息，核对库存
	接车作业	（1）整齐列队，按规定路线行走，步伐一致，箱（包）在同一侧，餐车长在队伍尾部，始发前40 min（车体到达站台前15 min）在站台指定地点接车，向列车长请示趟重点工作，主动将烟火交列车长统一保管。 （2）餐车长与搬运人员办理商品交接，使用餐车上货门时，作业完毕后，餐车长应立即锁闭上货门，与机械师共同确认；使用旅客乘降门上货时，应在临近指定车门上货，礼让旅客，不干扰旅客乘降

2）评价与巩固

评分人	评分	评语	总分
本人（10 分）			
组长（30 分）			
教师（60 分）			
总结			
提升措施与课后演练计划			

2. 始发作业

1）实施步骤

实训项目	细分环节	演练步骤
始发作业	开车前	（1）搬运商品时，轻拿轻放，码放整齐，大不压小，重不压轻，定位摆放，不堵通道。 （2）定位摆放商品、货物、个人物品及售货车，按规定摆放展示柜、售货车内的物品，按规定储存冷链食品，确保销售的商品质价相符，明码标价，一货一签，价签有铁路专用标志，提供发票。 （3）配送商务、特、一等座饮品、休闲食品及专项服务备品到指定车厢定位摆放，与列车员办理交接，并与列车长确认
	开车后	（1）检查设备设施情况，发现故障及时通知机械师到场处理，对不能立即修复的设备问题，报告列车长。 （2）做好商品销售准备工作，确保展示柜、售货推车内商品品种丰富，摆放整齐，价签无遗漏，包装无破损。 （3）与商务、特、一等座车列车员共同发放饮品、休闲食品

2）评价与巩固

评分人	评分	评语	总分
本人（10 分）			
组长（30 分）			
教师（60 分）			

总结

提升措施与课后演练计划

3. 途中作业

1）实施步骤

实训项目	细分环节	演练步骤
途中作业	基础作业	（1）随时整理、补充展示柜和售货车商品。补充售货车商品时，需将商品录入PDA终端机。对超过保质期限、包装破损、变质的商品、超过食用期限的自制食品和冷、热链餐食粘贴“报废”标识，单独固定位置存放，回收销毁。 （2）餐车长使用PDA终端机实时录入已销售的商品、盒饭信息。售货车销售商品需提前录入。 （3）配合商务、特、一等座车列车员共同发放饮品、休闲食品。数量不足时及时补充。 （4）根据商品销售情况，在中间站、折返站及时补货，保证高、中、低不同价位的预包装饮用水、盒饭不少于三种，备有清真餐食。在途中补货后，使用PDA终端机补录途中补货信息。 （5）运行中遇有突发情况时，听从列车长指挥，按各自岗位职责分工，妥善处理，逐级汇报
	吧台作业	（1）全面做好商品销售工作，吧台全程实行站立服务。 （2）检查餐车防火安全，掌握餐车设施使用及应急处理方法，规范使用微波炉、电烤箱、咖啡机、保温柜等厨房电器，使用中不离开操作区域，离人及时断电。微波炉、电烤箱“一餐一清”，保温柜、冰箱随时清理，做到无油垢、无污迹。 （3）随时清理餐车卫生，物品定位摆放，餐台、吧台做到“一客一清”。及时更换满溢的垃圾袋，垃圾袋系紧扎严，防止液体外漏，放于非乘降车门侧，不得放在车厢连接处或车门翻板上。在垃圾投放站指定位置投放。 （4）对餐车广播、视频进行监听（看），发现问题及时报告列车长

续表

实训项目	细分环节	演练步骤
途中作业	流动作业	（1）始发后 10 min、终到前 20 min 和途中到站前、开车后 5 min 内不进入车厢内流动售货。 （2）在餐车或进入车厢推介、销售时，向旅客提供图文并茂的价目表，供旅客自主选择。进入车厢流动售货的频次应适当，并应轻推慢走，遇有旅客通行时须主动避让，采用问询售卖方式，声音适中，不得高声叫卖，出售商品及时找零、提供发票。及时回收旅客用过的餐盒。 （3）提供电话、流动订餐及送餐服务。订餐广播播放后，及时到车厢提供订餐服务，送餐准确、及时

2）评价与巩固

评分人	评分	评语	总分
本人（10分）			
组长（30分）			
教师（60分）			

总结

提升措施与课后演练计划

4. 终到、退乘作业

1）实施步骤

实训项目	细分环节	演练步骤
终到、退乘作业	终到作业	（1）回收商务、特、一等座饮品、休闲食品及服务备品，与列车员清点数量，办理交接，与列车长核对数量，签字确认。 （2）车底终到前 40 min 清点货物，整理装箱，码放整齐，大不压小，重不压轻，定位摆放，不堵通道。保持展示柜、售货车售货状态，不间断售货服务。终到前 10 min 整理展示柜、售货车商品。 （3）餐车长使用 PDA 终端机核对、清点货款，交接货品数量、品类，打印货品交接单，上传终到结账信息。 （4）全面清理餐车卫生，确保洗手盆无污物、无水迹，白钢部件光亮，地面、台面、柜面清洁无杂物，及时收取垃圾，垃圾入袋扎口存放。在垃圾投放站指定位置投放垃圾袋。垃圾袋损坏时要及时套袋，防止外漏。 （5）检查餐车设备设施情况，发现问题及时报告列车长。 （6）到站后在指定位置投放垃圾。 （7）与搬运人员进行货物交接，签字确认
	退乘作业	（1）整理乘务备品，确认齐全，下车列队，按规定路线退乘，按规定解款。 （2）在公寓休整时，按照规定路线与客运班组统一列队行走，遵守待乘纪律，外出执行请假制度，坚持两人以上同去同归。折返出乘前参加出乘会

2）评价与巩固

评分人	评分	评语	总分
本人（10 分）			
组长（30 分）			
教师（60 分）			

总结

提升措施与课后演练计划

工作任务 1.2

列车长作业实训与演练

子任务 1.2.1

普速列车列车长作业实训

实训方案

（1）学员以组为单位开展实训，每组 5～9 人（设组长 1 人）；

（2）依实训步骤，逐人进行模拟演练；

（3）将本人、组长、教师的评分相加后，得出个人最终得分。根据评分与评语进行总结，拟定提升措施，制订课后演练计划。

1. 出乘准备

1）实施步骤

实训项目	细分环节	演练步骤
出乘准备	召开出乘会	（1）根据上级文电、命令、指示制订本次乘务重点工作和具体措施，针对上次乘务工作中的主要问题提出整改措施。 （2）按规定收缴烟火，列车长负责收取客运班组和餐售班组人员烟火，乘警长负责收取邮政、车辆乘务人员及公安乘务人员烟火，所有收缴的烟火由列车长统一保管并做好登记
	出乘点名	（1）检查乘务人员仪容、仪表、着装、标志，以及应携带的证件、业务资料、票据、表报。 （2）按规定时间组织乘务人员列队进入派班室点名，接收文电、命令、指示
	接车作业	（1）组织乘务人员整齐地排成两列纵队，按照规定路线进站（入库）接车。 （2）列车长在队列尾部行走
	检查验收	（1）“三乘”人员（客运乘务员、车辆乘务员、乘警）按照职责分工，分别对列车防火和服务设施设备进行检查，发现问题各自填入《旅客列车防火安全及设备设施“三乘检查”登记簿》，并通知车辆乘务人员处置。 （2）检查列车卫生质量。列车长检查列车整备卫生质量，检查卧具叠放、窗帘摆挂、备用卧具和清扫工具定置摆放情况，与保洁负责人做好出库质量验收情况交接。 （3）与库内看车人员进行卧具备品交接。

续表

实训项目	细分环节	演练步骤
出乘准备	检查验收	（4）检查列车外部悬挂物（防护栏、外顺牌、区间牌）加固、粘贴情况。 （5）检查办公席、广播室、乘务员室、行李车簿册资料的配备及定位摆放情况。检查规章、资料、票据等办公用品备用情况。检查广播工作准备情况，掌握广播重点内容，审批广播宣传重点，签字确认。 （6）检查各车厢上水情况并确认签字，检查库内预冷、预热供电情况（记载在《旅客列车防火安全及设备设施“三乘检查”登记簿》中）、电茶炉、集便器、车门状态，塞拉门要进行试开关；检查列车冷、热水系统状态。 （7）检查乘务员室、配电室、厕所、车门（窗）锁闭情况。 （8）列车出库前清理车内的闲杂人员

2）评价与巩固

评分人	评分	评语	总分
本人（10 分）			
组长（30 分）			
教师（60 分）			

总结

提升措施与课后演练计划

2. 始发作业

1）实施步骤

实训项目	细分环节	演练步骤
始发作业	开车前	（1）了解乘车计划。核对列车编组、车厢定员；向车站客运值班员或计划员了解本趟列车客流情况；对重点运输及加挂、专运，座、铺位临时预留等事项，认真组织落实。 （2）了解行包计划。到行李车了解行包装车计划；对特运、重点货件装运、沿途预留要心中有数，并指导行李员制订装车方案。 （3）了解餐售准备。 ① 了解餐车（售货组）上料、供应计划。检查乘务餐餐料准备和乘务菜谱的制订情况。 ② 对列车餐售食品安全情况进行检查。 （4）就直供电列车车体出库、机车连挂、供电时间及车内温度情况与车辆乘务人员共同进行检查，并做好记载。 （5）出场检查。通知列车员（乘务员）出场。检查列车员立岗、翻板定位卡锁入槽、高站台安全渡板及安全警示带安放情况。 （6）迎接旅客上车。站台引导、组织旅客排队上车，解答问事、扶老携幼，做好站车交接；单班组作业时列车长立岗位置在天桥或地道口处。双班组作业时休班列车长立岗位置在天桥或地道口处，当班列车长立岗位置在列车中部处

续表

实训项目	细分环节	演练步骤
始发作业	开车后	（1）安全检查。巡视全列车门、配电室门、车窗锁闭状态。重点检查列车前部、尾部车厢车门、端门和发电车、行李车、邮政车与相邻车厢连接端门的锁闭状态。 （2）始发巡视。 ① 巡视车厢，掌握旅客动态，了解重点旅客情况，检查各车厢整容质量。 ② 检查各岗位乘务人员的始发作业情况，发现问题及时纠正。 ③ 检查列车员的旅客去向登记作业及对重点旅客的登记情况，查看站车交互系统，对持挂失补车票的旅客进行核对。掌握各车厢旅客密度，组织旅客均衡乘车，了解剩余卧铺、席位情况。 ④ 亲自安排精神异常旅客、犯人、特殊重点旅客乘车，会同乘警宣传安全注意事项。 （3）检查行包（邮政包裹）。检查行李、包裹装载状态，货仓门加划（锁）、货物堆码及装载情况，货仓内留有不少于 50 cm 宽的防火通道，端门加锁，严禁超载、偏载。查验押运人员车票及登记情况，宣传安全常识。检查邮政人员的押运证件，监督、维护铁路安全行车及邮运合同的落实，处理违章问题

2）评价与巩固

评分人	评分	评语	总分
本人（10 分）			
组长（30 分）			
教师（60 分）			

总结

提升措施与课后演练计划

3. 途中作业

1）实施步骤

实训项目	细分环节	演练步骤
途中作业	运行中作业	（1）检查巡视。检查考核各工种作业流程和标准的落实情况；观察旅客状态；巡视车厢内禁烟情况。遇大站前后、交接班、换流站时进行全面巡视，每隔两小时对行李车、餐车、邮政车、发电车、“二炉一灶一电”的安全防火制度落实情况进行一次巡检，并进行记录。 （2）查验车票。组织乘警和列车乘务人员按规定区段查验车票，做到票、证、人相符；对持挂失补车票的旅客进行核对，无误后开具客运记录。对持电子客票的旅客，根据站车无线交互系统手持终端确认旅客购票信息，发现携带超限、超重物品的人员、无票人员，以及不符合乘车条件的人员，按章办理，需交车站的，编制客运记录与车站交接。正确办理旅行变更等业务。对临时要求提前下车的卧铺车旅客，接到报告后通知乘警到场共同了解情况。 （3）交接班。组织各岗位客运乘务人员按流程和标准交接班。 （4）动车组会让。区间会让动车组列车前，指导列车员在车厢内巡视；待避动车组列车时，指导列车员坚守车门，监控车内。相同站台会让、待避动车组列车时，巡视列车交会一侧车门、车窗锁闭状态。 （5）疏导清理。 ①检查车内旅客密度，观察旅客状态。组织、疏导旅客均衡乘车。 ②指导列车员及时清理通过台、洗面间和堆放的物品，疏导在过道逗留的旅客，保持通道畅通。

续表

实训项目	细分环节	演练步骤
途中作业	运行中作业	（6）检查餐售。检查、了解食品供应、价格情况，纠正违章，保障食品安全。 （7）晚点通报。当旅客列车晚点 30 min 及以上时，要向旅客公告晚点信息，说明晚点原因、晚点时间，做好旅客宣传解释及客运服务工作。公告间隔原则上不小于 30 min。因铁路原因导致列车晚点的须向旅客致歉。 （8）列车上水。随时掌握全列的供水情况；列车严重缺水时，及时通知前方上水站进行补水，上水站开车后，对上水情况进行检查确认。 （9）接待来访。随时接待旅客来访，耐心解答问询，受理投诉，听取建议。 （10）应急处理。处理旅客人身伤害、疾病等突发事件，组织乘警做好调查取证，及时编制客运记录、拍发电报，做好站车交接。 （11）计划运输。做好计划运输工作。按规定区间组织做好预留席（铺）位工作，列车严重超员时拍发超员电报。双层硬座车每车厢载客不超过 200 人；空调硬座车（25G 型、25K 型、25T 型）每车厢载客不超过 180 人；25T 型硬卧车不代座，其他硬卧车代硬座每车厢载客不超过 160 人。 （12）“三品”（危险品、易燃易爆品和毒害品）检查。重点区段、乘降所、春运期间和有特殊任务时组织“三品”检查小组查堵“三品”
	中途停站作业	（1）乘降组织。在列车中部出场，掌握旅客乘降情况，客流高峰时办理交接后应立即到硬座车厢组织乘降，中间站有预留车厢的应在预留车厢组织旅客乘降，确保安全。及时处理旅客乘降过程中的突发事件。 （2）办理交接。办理站车相关交接事项，填写相应交接凭证

2）评价与巩固

评分人	评分	评语	总分
本人（10 分）			
组长（30 分）			
教师（60 分）			
总结			
提升措施与课后演练计划			

4. 终到作业

1）实施步骤

实训项目	细分环节	演练步骤
终到作业	旅客下车前	（1）检查各岗位列车员执行作业标准和流程情况，终到卫生做到地面清洁，不留垃圾、污水、粪便。 （2）访问重点旅客，征询服务意见。 （3）组织相关人员清点备品，整理资料簿册，填记有关台账、编制有关记录。 （4）列车长、车辆乘务长和乘警长（“三长”）于列车终到前2 h内（单程运行4 h内列车，终到前1 h），按照检查项点分别进行设备检查，由检查人员分别将问题填写在《旅客列车防火安全及设备设施“三乘检查”登记簿》中，由“三长”签字
	旅客下车后	（1）检查列车员出场立岗情况，组织旅客有序下车，做好扶老携幼工作，确保旅客安全。 （2）与车站办理特殊重点旅客交接等业务。 （3）全面巡视各车厢，认真检查各处有无异状，关窗锁门。发现旅客遗失物品，会同乘警做好清点，移交车站处理。 （4）旅客列车终到入库或折返站换挂（单机除外），列车长在客运作业完毕后，组织锁闭车门，报告车站客运值班员。特殊情况下旅客列车在途中站发生车辆摘挂时，车站值班员通过客运值班员通知列车长，列车长须做好旅客疏散和安全宣传工作，并组织锁闭车辆端门、侧门

2）评价与巩固

评分人	评分	评语	总分
本人（10 分）			
组长（30 分）			
教师（60 分）			

总结

提升措施与课后演练计划

5. 返程（折返）、退乘作业

1）实施步骤

实训项目	细分环节	演练步骤
返程（折返）、退乘作业	返程（折返）作业	（1）组织客运乘务人员做好车内保洁、整备工作。 （2）对车内卫生、备品整理等作业质量进行验收、鉴定。 （3）折返站停留超过 3 h 的列车，“三乘”人员按照职责分工，分别对列车防火和服务设施设备进行检查，发现问题填入《旅客列车防火安全及设备设施“三乘检查”登记簿》，并通知车辆乘务人员处置。 （4）列车长指派列车员看车，其他人员到公寓休息。 （5）出库前检查清理车内的闲杂人员。 （6）对列车外部悬挂物和防护栏进行检查。 （7）组织召开返乘会，总结往程工作，部署返程重点工作。 （8）折返站始发作业按照本流程“2. 始发作业”内容执行
	退乘作业	（1）汇集运输生产、餐售经营数据资料，填写班组乘务日志。 （2）办理交接。 ① 与车站办理重点旅客交接等业务。 ② 全面巡视各车厢，认真检查各处有无异状，关窗锁门。妥善保管旅客遗失物品，设法归还失主，无法归还时编制客运记录交站处理。无法判明旅客下车站时交列车终到站处理。

续表

实训项目	细分环节	演练步骤
返程（折返）、退乘作业	退乘作业	③与接车人员共同检查终到卫生质量，保洁负责人对终到卫生进行鉴定，办理卧具、备品等相关交接事宜，填写交接记录。卧具、备品丢失、损坏时，列车长应认真记录。 （3）交班退乘。 ①检查票据，清点进款，填写移交报告，做到账项准确、清楚。 ②亲自或指定专人在乘警陪护下送缴列车进款。 ③带领退乘人员在站台（库内）列队，到派班室点名退乘。 ④向段派班室、车队和业务指导部门提交班组乘务日志及报表，汇报往返乘务工作情况。 （4）退乘会。组织全组乘务人员召开退乘会，全面总结往返工作情况，公布趟考核结果

2）评价与巩固

评分人	评分	评语	总分
本人（10 分）			
组长（30 分）			
教师（60 分）			
总结			
提升措施与课后演练计划			

子任务 1.2.2

动车组列车长作业实训

实训方案

（1）学员以组为单位开展实训，每组 5～9 人（设组长 1 人）；

（2）依实训步骤，逐人进行模拟演练；

（3）将本人、组长、教师的评分相加后，得出个人最终得分。根据评分与评语进行总结，拟定提升措施，制订课后演练计划。

1. 出乘准备

1）实施步骤

实训项目	细分环节	演练步骤
出乘准备	召开出乘会	（1）组织召开出乘会，传达文件、命令、电报，总结上趟乘务工作，布置本趟乘务任务。收缴列车员烟火，检查列车员仪容仪表、标志、证件。 （2）检查电报、客运记录、便携式补票机、防盗防抢箱、站车客运信息无线交互系统手持终端、GSM-R手持终端、手持电台、急救药箱（盒）等乘务备品，确认设备状态良好，电量充足。 （3）到派班室接受派班员命令、指示。按时出乘，命令、指示记录准确、无遗漏，乘务任务明确
	出乘点名	（1）检查乘务人员仪容、仪表、着装、标志，以及应携带的证件、业务资料、票据、表报。 （2）进行乘务人员点名，落实出乘人数，检查乘务人员健康和饮酒情况
	接车作业	（1）组织乘务人员整齐列队，按规定路线行走，步伐一致，箱（包）在同一侧，列车长在队伍尾部行走。始发前30 min（站台交接时，进站前15 min）到达站台指定地点接车。 （2）接车后，票据入柜加锁，重设金柜密码，备品定位摆放，登录站车客运信息无线交互系统，注册GSM-R手持终端。与质检员（交班列车长）办理业务交接，做到交接清楚、全面。 （3）与商务、特、一等座车厢的列车员确认商务、特、一等座饮品、休闲食品和专项服务备品领取数量，与餐车长签字交接。 （4）在立岗位置与车站指定高铁快件交接人员按装载清单办理交接

续表

实训项目	细分环节	演练步骤
出乘准备	检查验收	（1）检查列车设备设施情况，对《动车组固定服务设施状态检查记录》中记载的问题进行确认，对于新出现的设备故障，及时通知随车机械师进行处理，无法修复时做好记载，与随车机械师签字确认。 （2）检查应急备品状态；检查列车出库卫生保洁质量及易耗品、清扫工具定位情况；确认列车满水情况，督促列车员安装视频监控设备。 （3）检查餐售人员着装、证件，收缴烟火，统一保管并做好登记。布置趟班重点工作，检查商品摆放、快件堆码等情况

2）评价与巩固

评分人	评分	评语	总分
本人（10 分）			
组长（30 分）			
教师（60 分）			

总结

提升措施与课后演练计划

2. 始发作业

1）实施步骤

<table>
<tr><th>实训项目</th><th>细分环节</th><th>演练步骤</th></tr>
<tr><td rowspan="2">始发作业</td><td>开车前</td><td>（1）与司机对时后，立即与列车员对时，做到时间准确一致。
（2）检查列车员、餐售人员按标作业情况，了解餐车饮食品配备数量。车站检票时，在指定车门处面向旅客放行方向立岗，迎接旅客上车，与车站办理业务交接。
（3）开车前，提示广播员播放广播，监听内容。
（4）开车前，列车长接到车站关于客运有关的作业完毕通知和列车员关于旅客乘降完毕的汇报后，按规定通知司机或随车机械师关闭车门（重联时，后组列车长确认本组作业完毕后，向前组列车长报告）</td></tr>
<tr><td>开车后</td><td>（1）确认视频显示屏、广播、电子显示屏的播放及显示内容准确，音量适中。
（2）未配备乘警的，由列车长兼职行使列车安全员职责。加强车厢巡视，提示旅客保管好携带的贵重物品，防止各类案（事）件的发生；及时掌握车内治安动态，积极调解旅客矛盾纠纷，对调解和处理不了的，要立即报告公安指挥中心，并先行固定、提取相关证据。
（3）加强安全宣传，落实岗位防火责任制。提示旅客遵守安全乘车规定，及时制止可能损坏车辆设施和影响安全的行为。加强“危险品”查堵，落实动车组列车禁烟制度，及时检查卫生间、通过台等重点部位，发现旅客吸烟时及时制止，按规定移交公安部门依法处理。未配备乘警的，会同随车机械师对灭火器、安全锤等防火、安全设备进行检查，发现问题及时报告公安部门。</td></tr>
</table>

续表

实训项目	细分环节	演练步骤
始发作业	开车后	（4）检查车门、翻板、各柜门锁闭状态；检查行李架、衣帽钩、大件物品摆放，以及商品、高铁快件堆码情况；巡视电茶炉、卫生间等部位，确保设备良好，通道畅通，卫生整洁，备品充足，温度适宜。 （5）检查车厢视频监控设备的安装、开启及电量情况。 （6）掌握车内旅客动态，积极做好服务工作，耐心解答问询，落实“首问首诉”负责制，积极响应旅客诉求，遇有重点旅客主动提供帮助。 （7）遇动车组初起叫停等特殊情况时，及时采取措施，妥善处理

2）评价与巩固

评分人	评分	评语	总分
本人（10 分）			
组长（30 分）			
教师（60 分）			

总结

提升措施与课后演练计划

3. 途中作业

1）实施步骤

实训项目	细分环节	演练步骤
途中作业	运行中作业	（1）根据站车客运信息无线交互系统提供的乘车席位信息，核对空余座位及乘车人数，检查列车员席位核对执行情况，办理实名制补票、挂失补及电子客票等业务，处理违章态度和蔼，执行规章熟练准确，减少对旅客的干扰。 （2）检查列车员作业情况。规范作业行为，发现问题及时纠正、考核。 （3）检查餐售作业情况。规范电器设备管理，使用中不离开操作区域，离人及时断电。微波炉、电烤箱内油垢“一餐一清”，清理立式保温柜、冰箱的内部；食品、商品符合相关安全要求，报废商品规范管理；规范商品摆放、不堵塞通道；规范售货行为，要求相关人员及时找零、提供发票，不得频繁进入车厢、高声叫卖。 （4）检查动态卫生情况。确保清洁推车作用良好、定位停放，督促列车员加强电茶炉、卫生间等重点部位的保洁工作，易耗品及时补充，卫生间及时冲洗。检查小桌板、座椅面、地面上杂物清理情况，确保卫生随脏随扫、垃圾袋满溢及时更换、定点摆放。跟踪检查卫生质量问题，准确考核。 （5）督促相关人员及时更换满溢的垃圾袋，系紧扎严，防止液体外漏，放于非乘降车门侧，不得放在车厢连接处或车门翻板上。在垃圾投放站指定位置投放垃圾。 （6）加强设备设施检查，做好爱车宣传，发现故障及时通知机械师到场处理，对不能立即修复的设备故障，及时填记《动车组固定服务设施状态检查记录》。 （7）运行途中巡视、检查高铁快件码放、外包装、施封等状况，发现异常及时妥善处理。 （8）运行途中确认视频显示屏、广播、电子显示屏的播放及显示。确保内容准确、音量适中、播报及时。逢

续表

实训项目	细分环节	演练步骤
途中作业	运行中作业	用餐时间播放用餐广播。遇自动播报故障时，及时进行人工广播或人工宣传，到站前提示列车员宣传到位、到指定车门处引导。 （9）到站前，巡视车厢，到指定车门位置立岗，加强宣传引导。在有上水、吸污作业的车站到站前，组织列车员对车厢用水情况进行统计，有严重缺水或污物箱满溢的，提前与前方站联系。 （10）遇有列车晚点时，向司机了解晚点原因，及时上报晚点情况，统一口径向旅客做好解释和安抚工作，掌握中转换乘旅客情况。 （11）运行中遇有突发情况时，立即通报相关人员，启动应急预案，按各自岗位职责分工妥善处理，逐级汇报；涉及有关行车问题时，及时向司机报告，听从司机的统一指挥
	中途停站作业	（1）中途站停车时，在指定位置立岗，监控旅客乘降情况，与车站办理交接。督促列车员对在车门处逗留和吸烟的旅客加强安全提示，避免漏乘。 （2）在垃圾投放站，督促相关人员及时将垃圾袋投放在指定位置。 （3）开车前，接到车站与客运有关的作业完毕通知和乘务员关于旅客乘降完毕的汇报后，按规定通知司机或随车机械师关闭车门（重联时，后组列车长确认本组作业完毕后，向前组列车长报告）。 （4）做好站车交接工作。 （5）中途站有上水、吸污作业时，列车长得到车站客运人员上水、吸污作业，旅客乘降等作业完毕的通知后，按规定发车，做到联控用语准确。中途上水站开车后，确认车内水量，做好记录。 （6）在高铁快件办理站，监督押运人员快速装卸高铁快件，与押运人员办理交接。 （7）遇动车组初起叫停等特殊情况时，及时采取措施，妥善处理

2）评价与巩固

评分人	评分	评语	总分
本人（10 分）			
组长（30 分）			
教师（60 分）			
总结			
提升措施与课后演练计划			

4. 终到作业

1）实施步骤

实训项目	细分环节	演练步骤
终到作业	旅客下车前	（1）全面巡视车厢，检查防火安全、设备设施状态，进行全面卫生清理。检查列车员使用清洁车收取垃圾、垃圾袋撤换及空余座位小桌板、遮光帘（幕）复位等情况。提醒旅客整理好随身携带的物品，做好下车准备。 （2）检查餐售到站前作业，检查餐台、后厨、前厅卫生的全面清理情况，按规定时间收取商品、货物，与餐车长核对饮品、休闲食品使用数量，签字确认。 （3）填记表报簿册，审核票据、清点票款。 （4）到站前监控视频显示屏、广播、电子显示屏的播放及显示，确保内容准确、音量适中。 （5）终到前将服务设施故障问题填写在《动车组固定服务设施状态检查记录》内，与机械师签字确认；客运班组交接班时，对《动车组固定服务设施状态检查记录》中记载的问题与接班列车长做好交接。 （6）到站前，巡视车厢，到指定车门位置立岗，加强宣传引导
	旅客下车后	（1）列车到站停稳后，提示广播员播放广播，监听音量。在指定车门处立岗，与车站办理业务交接。 （2）旅客下车完毕后，全面巡视车厢，检查终到卫生，发现旅客遗失物品及时交车站处理。 （3）在立岗位置与车站指定高铁快件交接人员按装载清单办理交接。 （4）终到后，督促列车员回收视频监控设备

2）评价与巩固

评分人	评分	评语	总分
本人（10 分）			
组长（30 分）			
教师（60 分）			

总结

提升措施与课后演练计划

5. 返程（折返）、退乘作业

1）实施步骤

实训项目	细分环节	演练步骤
返程（折返）、退乘作业	返程（折返）作业	（1）检查折返卫生质量和备品补充情况，协助进行车内整容，按标准进行考核。 （2）确认折返站列车上水情况，做好记录
	退乘作业	（1）组织列车员收取剩余易耗品，整理乘务备品，清洁工具定位放置，与客运质检员（接班列车长）办理业务交接。交接事项清楚、手续完备。 （2）恢复金柜初始密码，由专人护送（配备乘警的，由乘警护送）到规定地点解款。 （3）按规定路线退乘，组织乘务班组召开退乘会，点评趟班工作，返还烟火。列车补票、通信等设备，相关备品、表簿按规定交接。 （4）入公寓休整时，按照规定路线统一列队行走，遵守待乘纪律，外出执行请假制度，坚持两人以上同去同归。折返出乘前组织召开出乘会，收缴烟火

2）评价与巩固

评分人	评分	评语	总分
本人（10 分）			
组长（30 分）			
教师（60 分）			

总结

提升措施与课后演练计划

技能模块 2

站务作业实训与演练

工作任务 2.1

普速铁路车站作业实训与演练

子任务 2.1.1

普速铁路车站售票作业实训

实训方案

（1）学员以组为单位开展实训，每组 5～9 人（设组长 1 人）；

（2）依实训步骤，逐人进行模拟演练；

（3）将本人、组长、教师的评分相加后，得出个人最终得分。根据评分与评语进行总结，拟定提升措施，制订课后演练计划。

1. 实施步骤

实训项目	演练步骤
普速铁路车站售票作业实训	（1）提供窗口、自动售（取）票机、铁路客票代售点等多种售票渠道。 ①售票窗口和自动售（取）票机设置、开放的数量与客流量适应，日常窗口排队不超过20人。 ②办理售票、退票、改签、换票、取票、变更到站、挂失补办、中转签证等业务，发售学生票、残疾军人票、乘车证签证等各种车票业务，支持现金、银行卡、扫码等支付方式。 （2）在售票处醒目位置公布售票时间和停售时间。工作时间内暂停售票时设有提示。用餐或交接班时间实行错时暂停售票。 （3）及时补充自动售（取）票机票据、零钞和凭条。设备故障等异常状况处置及时。 （4）票据、现金妥善保管，票面完整、清晰。票据填写规范，内容准确、无涂改，按规定加盖站名戳和名章

2. 评价与巩固

评分人	评分	评语	总分
本人（10 分）			
组长（30 分）			
教师（60 分）			
总结			
提升措施与课后演练计划			

子任务 2.1.2

普速铁路车站候车室作业实训

实训方案

（1）学员以组为单位开展实训，每组 5～9 人（设组长 1 人）；

（2）依实训步骤，逐人进行模拟演练；

（3）将本人、组长、教师的评分相加后，得出个人最终得分。根据评分与评语进行总结，拟定提升措施，制订课后演练计划。

1. 实施步骤

实训项目	演练步骤
普速铁路车站候车室作业实训	（1）按规定实行实名制验证，核验车票、有效身份证件原件、旅客的一致性。 （2）安检设备的设置适应客流量和站场条件，做到秩序良好，通道顺畅。按列车开行方向、车次组织旅客有序候车，提醒旅客对超重、超大等物品办理托运。 （3）候车室（区）旅客可视范围内应有客运人员，客运人员须及时巡视、解答旅客咨询，妥善处置异常情况。车站设有值班站长。候车区提供车票改签和自助取票服务。 （4）开始、停止检票时间的设置适应客流量和站场条件，进站口有提前停止检票时间的提示。始发列车检票时间不晚于开车前 30 min。开始检票或列车到站前，通告车次、停靠站台等检票信息。 （5）检票通道数量适应客流情况。按照先重点旅客、后团体旅客、再一般旅客的原则，组织旅客排队检票进站，确认票、证、人相符后放行。 （6）对无票、日期或车次不符、减价不符、票证人不一致等人员按规定拒绝乘车。 （7）停止检票前，通告候车室，避免旅客漏乘；停止检票时，关闭检票口，通告候车室和站台

2. 评价与巩固

评分人	评分	评语	总分
本人（10 分）			
组长（30 分）			
教师（60 分）			

总结

提升措施与课后演练计划

子任务 2.1.3

普速铁路车站站台作业实训

实训方案

（1）学员以组为单位开展实训，每组 5～9 人（设组长 1 人）；

（2）依实训步骤，逐人进行模拟演练；

（3）将本人、组长、教师的评分相加后，得出个人最终得分。根据评分与评语进行总结，拟定提升措施，制订课后演练计划。

1. 实施步骤

实训项目	演练步骤
普速铁路车站站台作业实训	(1)站台客运人员提前到岗，检查引导屏状态和显示内容、站台及股道情况。 (2)组织旅客按车厢位置在站台安全线内排队等候，列车停稳后先下后上、有序乘降。铃响时巡视站台，避免旅客漏乘。 (3)在列车中部办理站车交接。 (4)开车时间前打响开车铃。 (5)客流较大，始发终到列车1人值乘多个车厢、需双开车门时，车站负责值守增开的车门。 (6)同一站台有两趟列车同时进行乘降作业时，有宣传，有引导，避免旅客误乘

2. 评价与巩固

评分人	评分	评语	总分
本人（10 分）			
组长（30 分）			
教师（60 分）			
总结			
提升措施与课后演练计划			

子任务 2.1.4

普速铁路车站出站作业实训

实训方案

（1）学员以组为单位开展实训，每组 5～9 人（设组长 1 人）；

（2）依实训步骤，逐人进行模拟演练；

（3）将本人、组长、教师的评分相加后，得出个人最终得分。根据评分与评语进行总结，拟定提升措施，制订课后演练计划。

1. 实施步骤

实训项目	演练步骤
普速铁路车站出站作业实训	（1）出站检票人员提前到岗，检查出站显示屏状态和内容。 （2）引导旅客排队检票、有序出站，核对车票及其他乘车凭证，防止尾随。遇有大客流可敞开出口。 （3）对违章乘车旅客及违章携带品进行妥善处理，票款收付准确。 （4）列车出站后及时清理，确保站台、通道无滞留人员。 （5）换乘客流大的车站根据需要设置站内换乘流线，配备相应的设备和引导标志

2. 评价与巩固

评分人	评分	评语	总分
本人（10分）			
组长（30分）			
教师（60分）			

总结

提升措施与课后演练计划

子任务 2.1.5 普速铁路车站行包作业实训

实训方案

（1）学员以组为单位开展实训，每组 5～9 人（设组长 1 人）；

（2）依实训步骤，逐人进行模拟演练；

（3）将本人、组长、教师的评分相加后，得出个人最终得分。根据评分与评语进行总结，拟定提升措施，制订课后演练计划。

1. 实施步骤

实训项目	演练步骤
普速铁路车站行包作业实训	（1）及时、准确承运行包，确保品名相符，正确检斤、制票，运杂费收付无误，唱收唱付。 （2）承运限制运输的物品时，按规定查验相关的运输证明；需要押运的物品按规定办理押运手续。 （3）在装卸、搬运行包时轻搬轻放，大不压小，重不压轻，方不压圆，箭头向上，标签向外，堆码整齐。 （4）易碎品、流质物品或一级运输包装的放射性同位素，外包装上应粘贴或印制有安全标志。运输过程中发生行包包装松散、破损应及时修整，且有记录、有交接。 （5）核对到达行包票据，妥善保管，及时通知，准确验货，正确交付，按规定期限保管。对无法交付的行包及时公告，按规定处理。 （6）认真处理行包差错，发生行包损失先赔付、后定责。 （7）行包代办网点布局合理，管理规范。代办接取送达及时、准确、安全，收费规范。 （8）装卸人员经过装卸作业知识、技能和铁路安全知识培训，持证上岗。 （9）按规定实行实名制托运。核验有效身份证件原件与托运人的一致性。 （10）执行行包运输方案。装卸时，先卸后装，按照列车行李员指定货位码放，使用规定印章办理站车交接

2. 评价与巩固

评分人	评分	评语	总分
本人（10 分）			
组长（30 分）			
教师（60 分）			

总结

提升措施与课后演练计划

子任务 2.1.6

普速铁路车站给水、吸污作业实训

实训方案

（1）学员以组为单位开展实训，每组 5~9 人（设组长 1 人）；

（2）依实训步骤，逐人进行模拟演练；

（3）将本人、组长、教师的评分相加后，得出个人最终得分。根据评分与评语进行总结，拟定提升措施，制订课后演练计划。

1. 实施步骤

实训项目	演练步骤
普速铁路车站给水、吸污作业实训	（1）给水站根据给水方案配备给水人员，确保防护用具齐全，给水人员按指定股道提前到指定位置接送车，有人防护，同去同回。 （2）按规定程序及时上水，始发列车辆辆满水，中途站按给水方案补水，水管回卷到位（管头插入上水井内）。吸污站按规定进行吸污作业，保持作业清洁。作业完毕，向站台客运人员报告

2. 评价与巩固

评分人	评分	评语	总分
本人（10 分）			
组长（30 分）			
教师（60 分）			

总结

提升措施与课后演练计划

工作任务 2.2

高速铁路车站作业实训与演练

子任务 2.2.1

高速铁路车站售票作业实训

实训方案

（1）学员以组为单位开展实训，每组 5～9 人（设组长 1 人）；

（2）依实训步骤，逐人进行模拟演练；

（3）将本人、组长、教师的评分相加后，得出个人最终得分。根据评分与评语进行总结，拟定提升措施，制订课后演练计划。

1. 实施步骤

实训项目	演练步骤
高速铁路车站售票作业实训	（1）提供窗口、自动售（取）票机、铁路客票代售点等多种售票渠道，售票网点布局合理，管理规范。 ①售票窗口和自动售（取）票机设置、开放的数量与客流量适应，日常窗口排队不超过20人。 ②办理售票、退票、改签、换票、取票、变更到站、挂失补办、中转签证等业务，发售学生票、残疾军人票、乘车证签证等各种车票业务，支持现金、银行卡、扫码等支付方式。 （2）根据车站客流及最早和最晚办理客运业务列车到发时刻，合理确定售票时间和停售时间，并在售票处醒目位置公布。开售时间不晚于本站首趟列车开车前30 min，停售时间不早于本站最后一趟列车办理客运业务后20 min。工作时间内暂停售票时设有提示。用餐或交接班时间实行错时暂停售票。 （3）及时补充自动售（取）票机票据、零钞和凭条。设备故障等异常状况处置及时。 （4）票据、现金妥善保管，票面完整、清晰。票据填写规范，内容准确、无涂改，按规定加盖站名戳和名章

2. 评价与巩固

评分人	评分	评语	总分
本人（10 分）			
组长（30 分）			
教师（60 分）			
总结			
提升措施与课后演练计划			

子任务 2.2.2

高速铁路车站候车室作业实训

实训方案

（1）学员以组为单位开展实训，每组 5～9 人（设组长 1 人）；

（2）依实训步骤，逐人进行模拟演练；

（3）将本人、组长、教师的评分相加后，得出个人最终得分。根据评分与评语进行总结，拟定提升措施，制订课后演练计划。

1. 实施步骤

实训项目	演练步骤
高速铁路车站候车室作业实训	（1）按规定实行实名制验证，核验车票、有效身份证件原件、旅客的一致性。 （2）安检设备的设置适应客流量和站场条件，做到秩序良好，通道顺畅。 （3）候车室（区）旅客可视范围内应有客运人员，客运人员须及时巡视、解答旅客咨询，妥善处置异常情况。特大、大型车站设有值班站长。候车区提供车票改签和自助取票服务。贵宾候车区按规定配备专职服务员及验票终端等服务设备，提供免费小食品、饮品、报刊等服务。 （4）开始、停止检票时间的设置适应客流量和站场条件，进站口有提前停止检票时间的提示。开始检票或列车到站前，通告车次、停靠站台等检票信息。 （5）自动检票机通道和人工检票通道正常启用，检票通道数量适应客流情况，并设有商务座旅客快速检票通道。设两个检票口的，接发长编组、重联动车组列车时同时开启。按照先重点旅客、后团体旅客、再一般旅客的原则，引导旅客在自动检票机通道、人工检票通道分别排队等候，宣传自动检票机的使用方法，提醒旅客拿好车票或身份证，防止尾随。具备居民身份证自动识读检票条件的自动检票机正常启用。人工检票口核验车票和其他乘车凭证。 （6）对无票、日期或车次不符、减价不符、票证人不一致等人员按规定拒绝乘车。 （7）停止检票前，通告候车室，避免旅客漏乘；停止检票时，关闭检票口，通告候车室和站台

2. 评价与巩固

评分人	评分	评语	总分
本人（10 分）			
组长（30 分）			
教师（60 分）			
总结			
提升措施与课后演练计划			

子任务 2.2.3
高速铁路车站站台作业实训

实训方案

（1）学员以组为单位开展实训，每组 5~9 人（设组长 1 人）;

（2）依实训步骤，逐人进行模拟演练；

（3）将本人、组长、教师的评分相加后，得出个人最终得分。根据评分与评语进行总结，拟定提升措施，制订课后演练计划。

1. 实施步骤

实训项目	演练步骤
高速铁路车站站台作业实训	（1）站台客运人员提前到岗，检查引导屏状态和显示内容、站台及股道情况。 （2）按站台车厢位置标志在站台安全线或屏蔽门内组织旅客排队等候，有序乘降。铃响时巡视站台，避免旅客漏乘。 （3）短编组动车组列车在 4、5 号车厢之间；长编组动车组列车在 8、9 号车厢之间；重联动车组列车在列车运行方向前组第 7、8 位车厢之间办理站车交接。 （4）开车时间前 30 s 打响开车铃，铃声时长 10 s。 （5）车站确认旅客乘降、上水、吸污和高铁快运、餐车物品装卸作业完毕后，使用无线对讲设备通知列车长与客运有关的作业完毕。 （6）同一站台有两趟列车同时进行乘降作业时，有宣传，有引导，避免旅客误乘

2. 评价与巩固

评分人	评分	评语	总分
本人（10 分）			
组长（30 分）			
教师（60 分）			
总结			
提升措施与课后演练计划			

子任务 2.2.4

高速铁路车站出站作业实训

实训方案

（1）学员以组为单位开展实训，每组 5～9 人（设组长 1 人）；

（2）依实训步骤，逐人进行模拟演练；

（3）将本人、组长、教师的评分相加后，得出个人最终得分。根据评分与评语进行总结，拟定提升措施，制订课后演练计划。

1. 实施步骤

实训项目	演练步骤
高速铁路车站出站作业实训	（1）出站检票人员提前到岗，检查自动检票机、出站显示屏状态和内容。 （2）引导旅客通过自动检票机通道和人工检票通道检票出站，确保具备居民身份证自动识读检票条件的自动检票机正常启用。人工检票口核对车票及其他乘车凭证，确保秩序良好，防止尾随。 （3）对违章乘车旅客及违章携带品进行妥善处理，票款收付准确。 （4）列车出站后及时清理，确保站台、通道无滞留人员。 （5）换乘客流大的车站根据需要设置站内换乘流线，配备相应的设备和引导标志

2. 评价与巩固

评分人	评分	评语	总分
本人（10 分）			
组长（30 分）			
教师（60 分）			

总结

提升措施与课后演练计划

子任务 2.2.5

高速铁路车站快运作业实训

实训方案

（1）学员以组为单位开展实训，每组 5~9 人（设组长 1 人）；

（2）依实训步骤，逐人进行模拟演练；

（3）将本人、组长、教师的评分相加后，得出个人最终得分。根据评分与评语进行总结，拟定提升措施，制订课后演练计划。

1. 实施步骤

实训项目	演练步骤
高速铁路车站快运作业实训	（1）在装卸、搬运高铁快运集装件时要轻搬轻放，堆码整齐。合理安排装车计划，列车到站前将集装件提前搬运至站台指定位置，列车停稳后按计划装载；始发站在旅客上车前完成装车，中途站在开车铃响前完成装车；装卸作业不得干扰旅客乘降。装车完毕后向列车长汇报集装件装车位置及件数。 （2）遇运输过程中发生的高铁快运包装松散、破损时，须有记录、有交接。 （3）到站卸车前，要提前到位，立岗接车。集装件外包装、施封破损或集装件短少的，凭客运记录检查或进行现场检查，核实现状，办理交接。 （4）遇高铁列车在站临时更换车底或终止运行时，协助列车客运乘务组完成集装件换乘，必要时临时看管卸下的集装件。 （5）高铁快运作业区无闲杂人员出入，无非高铁快运工作人员查找、搬运快件。发现非工作人员持集装件出站时当场制止。 （6）高铁快运装卸人员应经过装卸作业知识、技能和铁路安全知识培训，持证上岗

2. 评价与巩固

评分人	评分	评语	总分
本人（10 分）			
组长（30 分）			
教师（60 分）			
总结			
提升措施与课后演练计划			

子任务 2.2.6

高速铁路车站给水、吸污作业实训

实训方案

（1）学员以组为单位开展实训，每组 5～9 人（设组长 1 人）；

（2）依实训步骤，逐人进行模拟演练；

（3）将本人、组长、教师的评分相加后，得出个人最终得分。根据评分与评语进行总结，拟定提升措施，制订课后演练计划。

1. 实施步骤

实训项目	演练步骤
高速铁路车站给水、吸污作业实训	（1）给水站根据给水方案配备给水人员，确保防护用具齐全，给水人员按指定股道提前到指定位置接送车，有人防护，同去同回。 （2）按规定程序及时上水，始发列车辆辆满水，中途站按给水方案补水，水管回卷到位（管头插入上水井内）。吸污站按规定进行吸污作业，保持作业清洁。作业完毕，向站台客运人员报告

2. 评价与巩固

评分人	评分	评语	总分
本人（10 分）			
组长（30 分）			
教师（60 分）			

总结

提升措施与课后演练计划

参考文献

[1] 王涛，王丹，张颖. 铁路客运班组管理. 北京：北京交通大学出版社，2022.

[2] 兰云飞，何萍. 高速铁路客运组织. 北京：北京交通大学出版社，2019.